悄悄归来的
穿山甲

U0215275

MUMU 工作室　著

中国林业出版社
China Forestry Publishing House

前　言

　　中华穿山甲（*Manis pentadactyla*）属于脊索动物门哺乳纲鳞甲目鲮鲤科鲮鲤属，在我国曾广泛分布于广东、浙江、安徽、福建、江西、湖南、湖北、贵州、重庆、河南、西藏、江苏、上海、广西、海南、四川、云南、香港、台湾等地。此外，鲮鲤科还有马来穿山甲等其他 7 种穿山甲，它们是世界上仅存的鳞甲类哺乳动物，十分珍贵，具有重要的生物多样性保护价值。

　　中华穿山甲有许多生存技能，如挖掘洞穴，能直达蚁巢；舌头细长，并带有黏性唾液，能吃到蚁穴更深处的蚁虫；尾巴沉稳有力，能在爬树与行走时保持身体平衡；鳞片坚硬，能抵御天敌攻击等。这些特别的生存技能，使得它们能够很好地生存和繁衍。

　　为加强中华穿山甲的保护力度，广东省积极落实地方政府主体责任，全面开展中华穿山甲种群及其栖息地现状调查研究，不断完善资源档案建设与管理体系，共同推进国家林业和草原局穿山甲保护研究中心建设，规范信息管理，提高公众穿山甲保护意识。现今，广东省多地陆续发现了中华穿山甲的活动踪迹并证实有野生种群存在，多年未见的中华穿山甲开始悄悄地回来了。现在就让我们一起去认识它吧。

中华穿山甲 A

印度穿山甲 B

马来穿山甲 C

菲律宾穿山甲 D

树穿山甲 E

长尾穿山甲 F

大穿山甲 G

南非穿山甲 H

鳞片之间有刚毛

皮肤颜色
比鳞片颜色浅

有发育良好
的外耳

D 菲律宾穿山甲

体重平均为 4~7 千克
体长平均为 100~130 厘米
头体长平均为 45~74 厘米
尾长平均为 35.8~47 厘米

皮肤颜色
比鳞片颜色浅

鳞片之间有刚毛

有发育良好
的外耳

各有特点的穿山甲

A 中华穿山甲

体重平均为 3~5 千克
体长平均为 59.6~89 厘米
头体长平均为 35.6~59 厘米
尾长平均为 23.8~40 厘米

皮肤颜色
明显浅于鳞片颜色

鳞片之间有刚毛

有发育良好
的外耳

C 马来穿山甲

体重平均为 4.5~5.1 千克
体长平均为 89.7~101.9 厘米
头体长平均为 47.3~52.4 厘米
尾长平均为 42.2~49.5 厘米

鳞片之间有刚毛

皮肤颜色
比鳞片颜色稍浅

有发育良好
的外耳

B 印度穿山甲

体重平均为 8~16 千克
体长平均为 78~148 厘米
头体长平均为 76.2~100 厘米
尾长平均为 39~71 厘米

穿山甲的种类

穿山甲共 8 种，其中亚洲分布 4 种，有中华穿山甲、马来穿山甲、菲律宾穿山甲和印度穿山甲；非洲分布 4 种，有树穿山甲、长尾穿山甲、大穿山甲和南非穿山甲。

树穿山甲

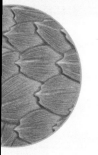

皮肤颜色
比鳞片颜色浅

三尖鳞片
没有刚毛

F 长尾穿山甲

体重平均为 1.1~3.6 千克
体长平均为 81~121 厘米
头体长平均为 28.6~50 厘米
尾长平均为 50.5~75 厘米

鳞片之间没有刚毛

皮肤颜色
比鳞片颜色深

所有穿山甲物种中，
尾长占身长比例最大

鳞片之间没有刚毛
所有穿山甲物种中鳞片最大

耳朵极突出

皮肤颜色
与鳞片颜色相似

口鼻部修长

G 大穿山甲

体重平均为 30~40 千克
体长平均为 140~180 厘米
头体长平均为 66~108.8 厘米
尾长平均为 54.5~70 厘米

H 南非穿山甲

体重平均为 9~10 千克
体长平均为 58.7~140.3 厘米
头体长平均为 29.7~67.7 厘米
尾长平均为 22.3~58.5 厘米

鳞片之间没有刚毛

皮肤颜色与鳞片
颜色相似

菲律宾穿山甲

马来穿山甲

长尾穿山甲

南非穿山甲

大穿山甲

中华穿山甲

印度穿山甲

中华穿山甲

中华穿山甲是我国Ⅰ级保护野生动物，它们聪明可爱，有较强的生存技能。这使它们不仅有利于自身繁衍生息，在生态平衡的维持中还发挥了很大的作用。

鳞片、尾巴、爪子

御 敌

中华穿山甲依靠鳞片应对危险，保护自己。遭遇天敌攻击时，它们会蜷缩成一团，呈球状，让身体被坚硬的鳞片包裹起来，令天敌难以下口撕咬，达到保护自己的目的。另外，当天敌试图撕咬它们时，它们会利用与鳞片连接的肌肉活动，使鳞片竖立并进行切割运动，以损伤捕食者的口吻部，防止被捕食，进而保护自己。

挖 洞

中华穿山甲可以在壤土、黏土、砂土中挖洞，爪子、尾巴协调配合，挖洞迅速。

① 挖洞时，它们抬起前肢，前爪向前下方插入进行挖土作业。

② 挖下的土积累到一定程度后，它们将长尾插入土中，支撑身体，同时身体向上拱起，然后用前爪向后扒土至下腹部。

③ 前爪将土推向后方的同时，尾巴继续撑住地面，身体保持向上拱起，后爪紧接着向后扒土至洞外。

④ 通过重复②和③步骤，短时间内，它们可以在蚁窝附近挖出一个洞穴，用来休息、隐藏、生宝宝、躲避极端天气和敌害。

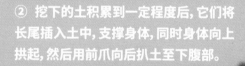

依据中华穿山甲鳞片与爪趾的特征，人们研制出铧式犁。

爪趾具有特殊几何曲线构形和楔形结构，能减少挖掘阻力，强化松土效果。

脱附减阻

中华穿山甲完全适应黏湿土壤条件，活动自如，其爪趾和鳞片有明显的脱附减阻功能。

鳞片体表面凹凸不平，有助于减黏降阻。

↗ 铧式犁结构图

沟槽宽度平均为 0.83 毫米

凸起宽度平均为 0.19 毫米

沟槽深度平均为 0.34 毫米

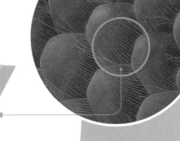

↗ 鳞片表面波纹特征简化模型

鳞片表面波纹能够起到方便土料运输以及减小摩擦阻力的作用。

游　泳

中华穿山甲在游泳时通过摆动尾巴掌握方向，它的鳞片还能起到增加浮力的作用。

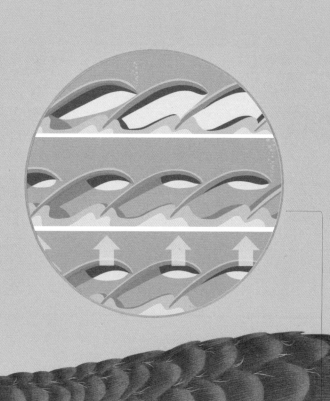

中华穿山甲鳞片向内翻卷，使鳞片之间形成空腔，空腔内的空气能够增加游泳时的浮力，从而帮助它们在水中轻松游泳。

栖息环境

中华穿山甲喜爱将洞穴设置在干扰程度小、中低海拔、坡度为 30°~60°、离水源距离近的针阔叶混交林内,洞口多朝南,隐蔽程度好(全隐蔽或半隐蔽)。洞穴深度、数量与其取食的蚁虫的活动习性有关:夏季,蚁虫于夜间凉爽时出巢活动,秋季气温适宜,蚁虫昼夜都于地表活动,中华穿山甲仅需挖浅洞,甚至不需要挖洞就能轻松取食蚁虫,因此,夏秋季挖的洞(称为夏洞)浅而少;冬春季,蚁虫在离地表 1 米深以下的巢内越冬,很少到地表活动,中华穿山甲必须挖深洞、多挖洞,才能取食足够的蚁虫,因此,冬春季挖的洞(称为冬洞)深而多。

洞穴离水源距离 <500 米

洞穴分布海拔高度
300~800 米

干扰源距离 >1000 米

城市干扰

中华穿山甲幼崽

15

食 性

中华穿山甲没有牙齿，但有一条又长又细、富有黏性唾液的舌头。它主要以白蚁和蚂蚁为食，此外，还吃蚁卵、昆虫幼虫和蛹。它的胃口很大，胃部能装下 0.5 千克左右的白蚁。

寻找食物时，中华穿山甲行走速度缓慢，并周期性地停止以进行搜寻，觅食时主要是寻找蚂蚁或白蚁的巢穴，也在落叶和烂木下寻找其他昆虫。

强壮弯曲的爪子, 可以挖掘蚁巢

口腔咽部分布有特殊肌肉结构,
可关闭食道, 避免吞下的蚁虫逃脱

依靠特殊肌肉结构关闭耳道,
防止蚁虫叮咬

厚眼睑可遮挡眼睛,
以防止蚁虫叮咬

嗅觉发达, 善用鼻子在空气中
或地面上闻味道寻找蚁穴

中华穿山甲喜欢取食栖息在土壤中并且有较大种群规
模的白蚁群, 如种群数量达到几百万的蚁群

细长的舌头带有黏性唾液, 能吃到洞穴深处的白蚁

穿山甲最喜欢吃的白蚁是世界五大害虫之一, 危害多种农作物、树木和建筑, 我国每年因白蚁危害造成的直接经济损失高达几十亿元。穿山甲是白蚁的天敌, 一只体重 3 千克的穿山甲, 一次能食白蚁 300~400 克, 对控制白蚁种群数量有重要作用, 一只穿山甲可以保护约 17 公顷的森林不受白蚁危害。可见, 它们是当之无愧的"森林卫士"。

1 公顷 =10000 平方米
1 个标准足球场 ≈ 7000 平方米
17 公顷 ≈ 24 个标准足球场

一次吃 300~400 克白蚁的重量
约等于一听 300 毫升的饮料

可以保护 17 公顷的森林,

约等于 24 个标准足球场

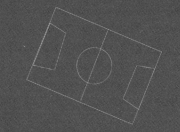

生长繁殖

中华穿山甲是哺乳动物，一般一年繁殖一次，在春季和夏季（2月至7月）交配，妊娠期为6~7个月（180~225天），在秋季或早春（9月至翌年2月）生产，一年一胎，少数双胞胎。

幼崽
饥饿时，会调整姿势和位置，吮吸乳汁。

①出生时

双眼睁开，运动协调性好。鳞片柔软，呈灰色或略带紫色的棕色，随着长大会逐渐变硬变深。

②**出生 1 个月内**　　常待在妈妈怀中,习惯背对着妈妈,或将腹部与妈妈腹部相对,或蜷缩成球。

③**出生 3~4 个月**　　能独立离开洞穴,表现出挖掘和舔舐的行为。15 周后,在外探索的时间和距离显著增加。

④**出生 4~6 个月**

4 个月大时,能独立寻找食物,5~6 个月大时断奶,可独立生活。

⑤**出生 12~18 个月**

达到性成熟,可以繁育后代。

中华穿山甲的保护

中华穿山甲虽然有着独特的生存技能，但仍面临栖息地破碎化等威胁。我国出台《中华人民共和国野生动物保护法》《中华人民共和国自然保护区条例》等法律法规以保护有关动植物及其栖息环境。广东省从就地保护、救助放归、科研监测、严格执法等方面加强对中华穿山甲的保护力度。自 2019 年以来，广东省深圳、韶关、河源、东莞、潮州、惠州、梅州、肇庆、阳江、茂名、汕尾等地均发现了中华穿山甲。

就地保护

依托以国家公园为主体的自然保护地体系，对中华穿山甲等珍稀濒危野生动物及其栖息地进行保护。选择中华穿山甲集中分布的地区，建立以中华穿山甲为主要保护对象的自然保护区，划定并严格保护重要栖息地。

救护放归

野生动物人工救护是保护野生动物的有效手段之一。广东省野生动物监测救护中心的工作人员会对被救的中华穿山甲进行全面的身体检查，了解它们的身体状况，针对不同体质、性别、年龄的中华穿山甲制定相应的救护计划，做到科学化、精细化管理。将救护成功的野生动物个体放归原栖息地，从而达到种群恢复的目的。

严格执法

加强中华穿山甲保护监管体系的建设，建立多部门信息交流与联合执法机制，加强互联网犯罪监管执法，严厉打击非法猎捕、买卖中华穿山甲及其制品的行为。

25

穿山甲野化基地

科研监测

无人机

建立国家林业和草原局穿山甲保护研究中心，组织专家团队，在全省范围内开展资源调查，利用先进的仪器设备（如无线追踪器、洞穴摄像机等）对中华穿山甲的活动规律、栖息地结构特征、觅食生态、种群数量动态、繁殖生态进行全面深入的研究，建立中华穿山甲保护监测评估体系，同时完善陆生野生动物疫源疫病监测站点建设，为中华穿山甲种群数量的恢复及保护管理、人工救护和繁育提供了理论依据。

红外相机

无线追踪器

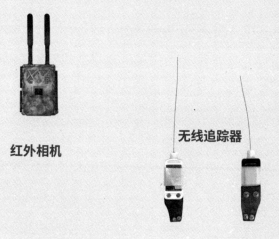
洞穴摄像机

纽扣式温度计

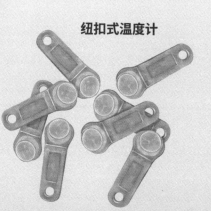

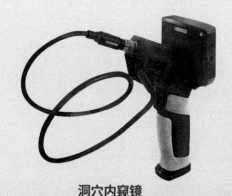
洞穴内窥镜

科学保护
人人有责

在野生环境中发现中华穿山甲时,怎样科学保护?

不要惊动它,立即与当地有关救护和执法部门联系。同时,可在适当距离观察它的精神状态、有无伤病等,并做好记录,及时告知专业救护工作者。

知法懂法
守法用法

**猎捕、杀害中华穿山甲需
承担怎样的法律责任?**

根据《中华人民共和国刑法》第三百四十一条:

非法猎捕、杀害国家重点保护的珍贵、濒危野生动物的,或者非法收购、运输、出售国家重点保护的珍贵、濒危野生动物及其制品的,处五年以下有期徒刑或者拘役,并处罚金;情节严重的,处五年以上十年以下有期徒刑,并处罚金;情节特别严重的,处十年以上有期徒刑,并处罚金或者没收财产。

违反狩猎法规,在禁猎区、禁猎期或者使用禁用的工具、方法进行狩猎,破坏野生动物资源,情节严重的,处三年以下有期徒刑、拘役、管制或者罚金。

违反野生动物保护管理法规,以食用为目的非法猎捕、收购、运输、出售第一款规定以外的在野外环境自然生长繁殖的陆生野生动物,情节严重的,依照前款的规定处罚。

根据 2020 年 2 月 24 日通过的《关于全面禁止非法野生动物交易、革除滥食野生动物陋习、切实保障人民群众生命健康安全的决定》,凡《中华人民共和国野生动物保护法》和其他有关法律禁止猎捕、交易、运输、食用野生动物的,必须严格禁止。对违反前款规定的行为,在现行法律法规基础上加重处罚。

图书在版编目（CIP）数据

悄悄归来的穿山甲 / MUMU工作室著. -- 北京：
中国林业出版社, 2022.12
ISBN 978-7-5219-1641-6

Ⅰ.①悄… Ⅱ.①M… Ⅲ.①穿山甲—少儿读物
Ⅳ.①Q959.835-49

中国版本图书馆CIP数据核字(2022)第059142号

"小途"(The ways)
是中国林业出版社旗下文化创意产业品牌,延续
中国林业出版社的专业学术特色和知识普及能
力,整合林草领域专业资源,围绕"自然文化+生
活美学+未来科技",从事内容创作、内容挖掘、内
容衍生品运作。形成出版、展览、文创、融媒体等
优质产品,系统解读科学知识,讲好中国林草故
事,传播中国生态文化。联手公众建立礼敬自然、
亲近自然的生活方式,展现人与自然和谐共生的
无限可能。

小途公众号

策划编辑：于界芬　吴　卉
责任编辑：于界芬　黄晓飞　曹曦文
责任印制：李　伟
书籍设计：DONOVA
特邀编创：小途The ways
电　话：（010）8314 3552
出版发行：中国林业出版社（100009,北京市西城区刘海胡同7号）
电子邮箱：books@theways.cn
网　址：https://edu.cfph.net
印　刷：北京富诚彩色印刷有限公司
版　次：2022年12月 第1版
印　次：2022年12月 第1次印刷
开　本：889mm×1194mm 1/16
印　张：2.25
字　数：25千字
定　价：68.00元

项目指导
国家林业和草原局野生动植物保护司

科学审定
吴诗宝　廖景平　陈金平　华　彦
曾　岩　周智鑫　蒋果丁

项目主持单位
广东省林业局

支持单位
广东省林业事务中心
国家林业和草原局穿山甲保护研究中心
广东省野生动物监测救护中心
广东省林业科学研究院
广东生态工程职业学院
广东生态工程设计研究院有限公司

顾　问
张志忠

策　划
李林海　李秋明

项目组成员
主　任
李　涛　梁晓东　梁惠珊

副主任
黎　明　战国强　华　彦　江堂龙

成　员
杨光大　邹洁建　侯方晖　窦红亮　安富宇
陈日强　郭彦青　丁　鑫　张智昌　王　筠
付冶淳　米秀宝　吴　德　袁　霖　关庆扬
贾培岭　彭丽霞　徐锦前　冉重阳　张学东
王　姣　谭　琳

插　画
唐　宁　刘　源　张原铭　侯梦琦
杨春燕　刘慧林